Filosofer stein boken

Alkymi

STEVEN SCHOOL

ISBN:1540423034
ISBN-13:9781540423030

ANSVARSFRASKRIVELSE

DEDIKASJON

Dette skriftlige arbeider er dedikert til den moderne
generasjonen av nysgjerrig sinn er påvirket av tid. Er det en
alkymiske skrift på det store arbeidet med solen og månen eller
separasjon og sammen dem i god andel som gjøres i samsvar
med naturen.

INNHOLDET

Takk

TAKK

Som stor og ærverdige far til lys har fortalt oss i emerald
tabletter, den har sin fødsel i jorden, vinden (vann) har
gjennomført det i buken, sin styrke det skrider erverve i brann,
og fra dette eneste, kommer alt av tilpasning.
Salt til korset.
S.A.S. 2016.

www.howtomakethephilosophersstone.com

1 INTRODUKSJON

I den antikke verden alkymi var det to typer mennesker, de som visste hemmeligheter kunsten og de som ikke gjorde. Disse to klasser av personer ble beskrevet i Bibelen som uvitende og klok, og dette var også symbolisert ved oppvåkning av Adam og Eva når de fortært den forbudte frukten av kunnskap om godt og ondt. Det er skrevet at hyrdene pleier å deres flokker av sau, de som er forbudt å ta del i slike hemmelig kunnskap for å holde separasjon av klasser for om alle var like, så det blir ingen konger eller dronninger å herske over nedre verden. Gjennom historien har det vært hemmelige møter av hemmelige samfunn preget av symbolikk som finnes overalt. Hemmelig kopp, en hemmelig drink, drikke bror, og var live mottoet til de innvidde. Jesus på nattverden, holder opp tre kopp, den hellige gralen for alle å se, men forstått av kloke. Utvalgte eller de opplyste. Den gamle vitenskapen dekket en stor mange emner som medisin, vitenskap, metallurgi, matematikk, astrologi, astronomi og mer. Hermes Trismegistos ble kalt far til vitenskap og ble kreditert som en nøkkelfigur i den videre utviklingen av hermetiske art. De gamle egypterne brukes ankh som symbolet for evig liv fordi de trodde at mannen var ment å leve evig i perfekt helse uten sykdom eller død. Denne teorien er preget av livets tre, som er det skrevet i Bibelen. Det er noen som tror det mektige eiketreet kan leve for tusenvis av år, og videre at siden Gud skapte alle ting like å vokse og formere seg i som slag, at så det bør også være med oss og alt annet inkludert metaller og steinene. Evig liv preget av livets tre og symbolisert med en hemmelig hage kalt Eden for de utvalgte som fant veien eller var ellers startet, belyst de som gå jorden som "Guder" vurderer selv å være mer enn bare dødelige bare fordi de har kunnskaper som er tilbakeholdt fra andre i tusenvis av år. Jesus ble sagt å ha vært en snekker og mest alle vet at de fungerer med tre. Han ble også sagt reiste landet mirakuløst helbrede syke med en mengde hvitt farget pulver. Primitive alkymiske prosessen

1

begynte med en enkel formel av ild og vann til å handle på saken. Dette ble også sett når ulike indianerstammer kanoer de ville velge en fallen tree og bruke brann for å hul den før slukke den med vann. De ville da skrape ut delen forkullede og gjenta dette arbeidet til kanonen var formet og klar til bruk. De fant det mye lettere å kutt veden med ild enn med håndverktøy for en vanlig arbeider, og dette er alkymi, gamle formelen av ild og vann. Dette er interessant poeng å vurdere som vi fremgang gjennom resten av denne boken.

Steven School. 2016.

2 GAMLE MEDISINER

Livets tre.

Gamle alchemists trodde at sykdommer og sykdommer av kroppen var bare en bivirkning eller et symptom på en ubalanse i individer ph, mens saker som involverer sinnet var assosiert med ammoniakk i hjernen eller blodbanen. De også trodde på en medisin, en universell medisin som ville nøytralisere syre eller selv ammoniakk og bringe oss tilbake til en alkaliske ph balanse slik at kroppen kan helbrede eller reparere seg selv ved å generere nye celler. Denne "medisin" ble sagt å føre til en styrking av lemmer (bein), og ble også sagt å bli kjent med at det forårsaker planter til å blomstre. De trodde at kanskje vi var aldri ment å visne og dø men i stedet for å fortsette å vokse som mektig eik treet, her i hagen som ble bygget for oss. Gjennom årene har jeg hørt historier om nær døden-opplevelser som inkluderte strålende hvitt lys og tales av herlighet og prakt. Jeg har nyheter, når jeg var underordnet ca fem eller seks år gamle bestemor tok meg på en tur til Tehachapi fordi hun ønsket å se på tomter i håp om å bygge sin drømmebolig for sin avgang. For å gjøre en lang historie kort får jeg rett til poenget i saken. Som hun møtte selgerne var jeg igjen på lekeplassen som hadde en av de høye metall lysbildene typisk for tidlig i nitten sytten. En eldre barn slo meg ut av lysbildet og jeg landet på ryggen på sand, jeg traff på baksiden av hodet på konkrete bunnteksten for en av de stående støtter. Verden begynte å spinne, og deretter alt falmet svart. Jeg våknet tre dager senere på sykehuset og min bestemor satt ved min seng. Hun sa jeg hadde fått en hjernerystelse fra treffer hodet på betong, men når jeg landet på ryggen hjertet mitt hadde stoppet. Hun fortalte meg at da ambulansepersonell ankom mitt hjerte ikke var slo, jeg hadde ingen puls, jeg også var ikke puster. Jeg var absolutt unresponsive og de informert henne at jeg var død. Min bestemor var hysterisk, de prøvde alt de kunne, og de klarte å gjøre noen gode virker fordi jeg våkner tre dager senere. Mange år gikk, og jeg tenkte tilbake til den tiden å huske hva som hadde skjedd. Jeg begynte selv å beskrive hendelser for andre når jeg har hørt folk snakke om personene på TV som beskriver etterlivet eller nær døden-opplevelser og så videre. Ifølge det jeg gikk gjennom min forståelse er at jeg har vært på den andre siden og komme tilbake. Hva jeg så var ingenting, mørke, tomhet, et komplett mangel av eksistens. Den tiden er borte, det var ikke noe det som brakte meg til å innse at hvis vi skal finne det evige liv som er lovet oss i Bibelen som det må komme før død og etter siden død er ikke motsatt av livet. Alt vi har i døden, er nøyaktig motsatt av hva vi hadde i livet, yin og yang, hvit og svart, lys og mørke. Den evige søvnen død eller gave evig liv. Alkymistene hadde en interesse i den mektige golden oak. For sin styrke, lang levetid og dens stadig vekst. Den gylne eik treet, den gylne soma.

En morgen jeg våknet og forberedt på å gå på jobb, la jeg merke til noe annet på denne dagen, kne skade og de følte bein mot bein. Leddene vil ikke fungere, og jeg kunne høre klikke lyder når jeg prøvde å komme opp eller ned som også var ganske vanskelig. Dette kom raskt og var uventet.

Jeg begynte å bekymre deg, ville jeg bli ødelagt? Ville jeg være i stand til å fungere og ta vare på meg selv? Dette bedt meg om å undersøke saken online og det første jeg kom over under et søk som fanget min oppmerksomhet er at verkende ledd og spesielt knærne er et tegn på en feil fungerende leveren. Jeg visste at da jeg ble født min kropp skapt hva det nødvendig, bein, brusk, vitale organer, hjernen saken, etc. Jeg skjønte raskt at når leveren min ikke var fungerer, den stoppet min kroppens evne til å regenerere og reparere seg selv som naturen hadde tenkt. Min forskning indikerte at leveren angivelig kan regenerere nye celler å reparere seg selv i en tre måneders periode. Jeg satte de alkoholholdige drikkevarer, jeg drakk isvann med ny skive sitron. Jeg gikk til to ulike vitamin butikker for å få kosttilskudd samt bestille noe online som de ikke bærer. Jeg begynte med melk thistle piller som skulle være bra for leveren min, jeg også valgte hai brusk piller, Fiskeoljekapsler og Echinacea urtete. Jeg begynte å ri min sykkel igjen også. Først én runde rundt blokken, så to og tre... Kne føle deg bra nå. Jeg har hørt om andre som valgte kirurgi i stedet som kan la arrvev. Jeg satte min tro i Moder Natur først og hun la ikke meg ned. Moralen i historien er dette, jeg hypothesize at kroppen min er ment å helbrede seg selv! Min leddgikt kne var bare en bieffekt av et underliggende problem! Jeg glemte nesten å nevne en av kosttilskudd som jeg kjøpte og det er en av mine største favoritter, coral kalsium som er ryktet å oxygenate kroppen over å være en stor kilde til kalsium i min mening. Oksygen... pusten fra Gud! Når jeg anser bibelske kontoer av mennesker angivelig leve tusen år eller mer jeg tenke at både luft og vannkvaliteten må ha vært så mye bedre i sin tid. Ingen tusenvis av biler fast i rushtrafikken brenner opp min dyrebare oksygentilførsel, fluor og prevensjon pumpes bokstavelig talt til min kraner. Og så er det bibelske skrifter som instruerer oss ikke å spise syret brød, surdeig betyr gjær som en levende organisme som strømmer på sukker opprette alkohol. Jeg tror Bibelen er rett om ikke ønsker dette i kroppen vår. Det også sier ikke å spise cloven hoofed svin, mikroorganismer?, parasitter?, ormer? Jeg vil gjerne nevne noe som jeg oppdaget nylig, både poteter og tomater er medlem av søtvier familien av planter. Søtvier er giftig. Poteter og tomater men er bare veldig mildt giftig, men på grunn av dette mange naturlige healere anbefaler ikke for å spise dem, ingen flere pommes frites med ketchup, potetmos, potetsalat, etc. Jeg utviklet åreknuter tidlig i livet delen av dette er jeg sikker skyldes mottar en tredje grad brenne, men ikke alle. Jeg har vært en avid kaffe drinker for mange, mange år nå. Jeg kan drikke det morgen, middag, kvelden eller selv natt. En kanne kaffe er nok for meg frokostbordet. Jeg bestemte meg å slutte å drikke det, men etter seks timers min sjel og kropp sa dude, til helvete nei! Jeg følte hjernen min har krympet, den tilsynelatende nå er en svamp for koffein. Etter alle disse mange år av over indulging er det beviser vanskelig vane å bryte. Min forskning viser at blodårene er ikke spenstig,

Jeg tror ikke at de har noen elastisitet til dem som mener hvis de er strukket, de ikke tilbake tilbake til sin opprinnelige størrelse eller form. Kaffe inneholder koffein som får blodet pumpe full fart fremover kompis, men hva skjer når effekten slites av? Min blodkar igjen løs og strukket ut?, tror jeg. Dersom denne hypotesen er riktig så vil det ikke påvirke systemet mitt hjerte? Minst koffein er pumping min korall kalsium kosttilskudd over hele kroppen min. Er at jeg er for tiden singel spiser jeg hovedsakelig microwaveable prepackaged frosne ting. Dette har kommet til meg fordi jeg oppbevare får lite vekster på baksiden av hodet. Kreft kommer til hjernen, og for noen grunn mitt instinkt forteller meg å vurdere mikrobølgeovn. Nå, la oss komme tilbake til gamle medisin. Så ble alkymister fra lenge siden sagt å ha trodd i en universell medisin, en golden elixir, en golden soma. Bibelske livets kommer til mitt sinn her, hvor er denne tingen?, hva er dette? La oss begynne med det første ordet i beskrivelsen, tre. Som et slag i ansiktet kan det være så enkelt? De gamle vismennene skrev om deres golden bough eller sine gylne gren, samt en gylden soma, eller en gylden elixir. I deres gåter elsket de å danse rundt og hint om eik treet. En spesielt i mitt sinn, det gylne eiketreet. Jeg øses asken fra min ildsted, (eik asken), jeg bakken dem til pulver og bakte dem ved hjelp av en ildfast form i ovnen min. Min hensikt var å rense asken i varmen ved å brenne bort eventuelle brennbare urenheter. Jeg plassert avkjølt saken i min kaffekjelen med noen filtre stablet opp og brygget det akkurat som kaffe. Vannet som fylte potten var en gylden farge, jeg fordampet noe av det tørrhet og var igjen med et hvitt pulver. Alkaliske salt potash er et interessant tema når vi i dybden skrifter som lå foran i denne delen. Den gamle alkymistene advarte om at for mye (overforbruk) av deres hemmelige "elixir" ville skyte kroppen og eksos ånd. Min egen personlige hypotese er at for mye kalium trolig kan forårsake et hjerteinfarkt. Jeg la merke til at når jeg dryss aske i hagen min det synes å være den beste plante mat som jeg noensinne har sett, forårsaker vegetasjonen i min hage å blomstre, frodige og grønne. Jeg skvette rundt tre aske og vent til mor natur å bringe regn. Regnvann og aske forårsaker min planter å blomstre. To tusen år siden i det første århundre Plinius eldre skrev Historia Naturalis som jeg tror betyr naturhistorie. To tusen år tar oss veien tilbake inn i dypet av alchemy. Hva et flott sted for å grave for innsikt i den gamle vitenskapen! Skriftene er selvfølgelig tilsynelatende uendelig men gitt en perle. I disse tider foreslått Pliny at man kan la din åren være din medisin brystet. Et ildsted er et ildsted og hva inneholder Reductil men tre asken? Arkeologer har avdekket gamle gladiator bein fra romertiden. Mens han studerte restene for å finne ut hva deres kosthold kan ha vært, ble det fastslått at de drakk en medisinsk drikke av aske fra brann gropen blandet med vann. Jeg tror dette er også høy i strontium. Rapporter tyder på at denne drinken hjalp hastighet utvinning fra sår og deres ben ble også rapportert å ha vært sterkere eller tettere enn vanlige folk av tiden. Jeg husker at Jesus angivelig gikk landet helbrede syke, han ble sagt å ha vært en snekker og de arbeide med tre. Noen mennesker tror at han hadde en pose med hvitt pulver som han lagt til vann, (slått vann til vin). Jeg har hørt noen meninger at ridderne er Jesus cup, og at det var visstnok laget av tre. Jeg tror at i bildet av nattverden kan han holde opp slike en kopp for verden å se. Tre, ild og vann, en drink, medisin, alkymi. Kanskje en hemmelig ment kun for de som har øyne å se? La oss ta en titt på hva Moses har å si, var ikke han skal ha bodd i ca 986 år eller så?

ANDRE MOSEBOK 32:20 ENGELSKE STANDARDVERSJONEN.

Han tok kalven at de hadde gjort og brannsår den med ild og malte den til pulver og spredt det på vannet og gjort Israels folk drikker det.

Jeg tror at lenge siden, i glemt tiden før videospill ble oppfunnet, at noen mennesker brukes til å skjære figurer av tre.

Salt verden?, jordens salt?.

Matthew 5:13King James Version (KJV)

[13] Dere er jordens salt: men hvis saltet har mistet sin smak, så skal det være saltet? Det er tid for ingenting, men å bli kastet ut og tråkket under fot av menneskene.

John 4:13-14King James Version (KJV)

[13] Jesus svarte og sa til henne: hver den som drikker av dette vann blir tørst igjen:

[14] Men den som drikker av vannet som jeg skal gi ham skal aldri tørst; men vannet som jeg skal gi ham skal bli i ham en kilde med vann som veller fram til evig liv.

Jeg vil gjerne nevne nå min mening til kunnskap om godt og ondt. Det treet som Adam og Eva ble sagt å ha spist av den forbudte frukten. Forbudt, fredløse, forbudt, ulovlig, forfulgt, tiltalt, utvist fra hagen barnet, hendene off.

Genesis 2:16-17King James Version (KJV)

[16] Og Gud HERREN befalte mannen og sa: av hvert tre i hagen du fritt ete:

[17] Men i treet av kunnskap om godt og ondt, du skal ikke ete av det: for i dag som du eatest derav du skal visselig dø.

Jeg skal dele min forståelse av denne saken i klartekst, Cannabis er ikke en plante, er det et tre. Jeg har sett trærne store og høyt, og med bark på dem. Hva planten vokser atten eller flere fot høye med tykke bark på den? Et tre. Forskere er nå teoretisering at cannabis fører neurogenesis som er kroppens evne til å reparere eget skadet hjernen av voksende nye celler. Minner meg om min leveren og knærne som vi dekket tidligere. Forbruk av "forbidden fruit" synes å stimulere dyp og dyp tanke. Det er noen personer der ute som hypothesize at dette materialet har helbredende egenskaper mot ting som kreft. Det har også vært rykter at dette stoffet kan ha evnen til å reparere hjernen skader forårsaket av overdrevent alkoholforbruk. La oss gå videre nå, til neste fag som jeg ønsker å dekke.

Gjennom historien har eddik blitt brukt som en medisinsk tonic ofte fylt med slike ting som urter, krydder, eteriske oljer, hvitløk, løk, gurkemeie eller en rekke andre ting. Det er brukt lokalt så vel som internt. Jeg drikker litt innimellom fortynnet i vann, jeg bruke også en liten bit av eple cider eddik lokalt på min psoriasis. Et annet hjem middel som jeg har prøvd er litt bakepulver i et glass vann. Jeg hypothesize at det kan være alkalisering eller kanskje balansere PH. Jeg anta videre at det kan nøytralisere ammoniakk i blodet som selvfølgelig er bare mine tanker eller mening og utgjør ikke råd av noen type.

Antikke greske utøvere av medisin som Hippokrates (400 f.Kr.) ble sagt å ha blandet eple cider eddik med honning som et legemiddel for en rekke plager. Eddik ble også angivelig brukt rundt 218 f.Kr. til å smuldre store steinblokker. Brann ble bygget mot store land å få dem veldig varmt og deretter eddik ble strømmet på forårsaker steinblokker å sprekk. Vann og brann, alkymi på jobb, jeg håper de bar deres vernebriller. Jeg tror vi har dekket Cleopatra oppløsende perler i eddik i delen om alkymiske perle steiner. Det har vært rykter at eddik kan være nyttig i reduksjon eller eliminasjon av mikroorganismer. Under Jesu tid eddik ble også kalt vin som kan sees i Bibelen, og dette er interessant fordi det kan hjelpe for å forstå enkelte vers fra boken. Under middelalderen var eddik infused med hvitløk og brukt som en medisinsk drikke til sal av pesten. I moderne tid kalles dette angivelig fire tyvene eddik. Eddik har blitt brukt i fortiden som en antiseptisk å rengjøre og desinfisere sår. Europeiske alkymister i middelalderen var også kjent for å ha brukt eddik i sine alkymiske verk om stein.

Som et tre vokser løselig blir mineraler og næringsstoffer utført opp det av vann hvor de teoretisk bli låst i tre. Alchemists trodde at disse byggesteinene i naturen kan bli utgitt og atskilt handlingen av ild og vann. Fra mørket kommer hvithet, den hvite Due.

3 HEMMELIG BRANNEN

I forskning historien til alchemy har en tendens til å komme over referanser til en hemmelig vann som ble antatt å være nødvendig for å utføre eller utføre store arbeidet av magnum opus. Dette stoffet ble ryktet for å inneholde hva alkymister kalt hemmelig brannen. I Skriftene til Theophrastus Paracelsus foreslo han at dette vannet ble solgt av apothecaries i sin tid. John Pontanus skrev at han hadde mislyktes mer enn to hundre forsøk på etableringen av hans stein før han leste skriftlig alkymiske verk av Artephius som han kreditert for å gi ham den riktig forståelsen av saken. Så hva er dette tilsynelatende unnvikende vannet?

Fra skriftene til Artephius, ARGENT VIVE.

Alkymister elsket å kommunisere gjennom symbolikk, hemmelige koder og anagrams som argent vive. Bare omorganisere bokstavene for å avsløre hemmeligheten... VINEGARET. Eddik i moderne.

I Nicholas Flamels brev til sin nevø han nevnte hans råd om dette emnet, (vet hva agenten din "Merkur" må være forsterket med eller vil det være som vanlig vann).

Hvit eddik er hovedsakelig destillert vann med en liten mengde av eddiksyre. Eddiksyre er "hemmelige fire" i vannet som var nødvendig for å utføre alkymiske magnum opus. I moderne tid kalles dette bare metal acetate banen.

Den hemmelige nøkkelen som låser opp metaller.

4 FILOSOFENES STONE

Begrepet stein høres ut for fleste som om infers en hemmelighet og mystisk stein, mens ennå andre tror fortsatt at kanskje det var selv mytiske i naturen. Vi begynner denne delen med en belysning av hva den "steinen" var. Alchemy er en studie og eller replikering av natur. Enkel og gamle metoden av ild og vann opptre på saken. Alkymister visste tre hovedområdene i arbeid, plante, dyr og mineralske rikene. Medisiner for pattedyr ble sagt i de første to kongedømmene mens tinkturer for mineraler som metaller og perle steiner ble antatt i sistnevnte. Metoden arbeider i mineral-rike har blitt kalt i moderne tid metall acetate banen. Metallisk malm ble jobbet på av de gamle vismennene med eddik å produsere giftig metall acetates som ble ytterligere behandlet i hva ble hypotetisk kalt filosofen 's steiner. Siden det er flere metallisk malm som vil være kompatibel med metall acetate banen, var det flere Filosofenes stein. Det var så mange forskjellige steiner som det er slike kompatibel malm. Hver "stein" hadde sin egen fargespekter ifølge av malmen. Det kan hende at noen malm vanskeligere å bryte ned så de kunne ha vært mer kompatibel med tørr banen som begynte med steking. Jeg føler det er viktig å merke seg her selv om denne delen er ikke om teknikker eller metoder men steking malm produsert hva het giftige pusten av dragen som dreper eller dreper alt i sin vei. Ikke Prøv noen av disse tingene hjemme, pust ikke noen røyk, ikke forbruke noen stoffer. Denne boken er skrevet for historiske henvisning hensikt bare og er ikke ment å utgjøre råd type. Så teoretisk sett det kan være så mange forskjellige filosofer steiner som det er metallic malm kompatibel med metall acetate banen. Alkymister oppfunnet fargestoffer for mange ting som glass, tekstiler, retter, tallerkener, kopper, pokaler, billedvev, og ifølge legenden metaller som perle steiner. Hver stein hadde sin egen fargespektret som vi har nevnt tidligere. Et eksempel på dette ville være rød for jern (Mars) mens jern og svovel (svovelkis) er tilknyttet fargen på gull. Ifølge alkymiske tro Alkymisten assistert natur i etableringen av sine stener, materialet arbeidet på ble valgt av fargespekter etter hensikten med hver enkelt artist. (Hva de skal bruke sine stein for). Den grunnleggende ideen var at dette gitt farge for alkymiske perle steiner som omdanning (sammenslutning) av metaller. Det er noen som tror at når natur skaper edelstener i jordskorpen som fargen kommer fra brutt ned eller nedbrutt metallisk malm. Dette er interessant fordi mange hardrock gull-miners tror at gull er ofte funnet i limonitt årer der svovelkis krystaller har nedbrutt. Så kanskje ment utøvere av den gamle vitenskapen å følge arbeidet med natur å lage og eller coloring metall og smykkesteiner. En annen tro var at alle ting ned eller utvikle seg mot gull over tid og dette er interessant når jeg ser på pyritized fossiler. Svovelkis soler, (alkymiske solen høres kjent her) svovelkis snegler, svovelkis egg, etc. nedbrutt pyritt krystaller i limonitt årer, gull.

Noen personer liker å tenke på steinen som en salt krystall, og sammenligne arbeidet til grunnleggende krystall vokser.

Dette synes å forenkle saken.

5 GUALDUS VÅT BANEN

Føden-grind til et fint pulver, fin som malerne slipe fargene.
Kreditt - Theophrastus Paracelsus.

Forseglet mikrokosmos av Alkymisten. I moderne kan dette kalles et økosystem. Saken var bakken til pulver og plassert i retorten (én del). Eddik lagt (to deler). Alkymister likte å begynne det store arbeidet våren og gjennom sommermånedene i samsvar med naturen slik at ingen eksterne varme var nødvendig. Romtemperatur eller sollys for en solar destillasjon. Som Flamel sa, varmen av en klekking chicken. I vintermånedene noen alkymister begravet sine fartøy under huset deres i skitt når du bruker et kar metoden brukt andre ferske hest møkk, varm aske, selv lut for å holde glasset varme eller nær kroppstemperatur. Arbeidet fortsatte langsomt og naturlig, oppløsning, utpakking, subliming, sirkulerer, opphøyende, destillasjon. Agent og pasienten, flyktige og fast.

Som eddik oppløst saken i retorten begynte å løslate naturlig forekommende svovelsyre i svovelkis. Denne klar væske ble kalt blod grønne løven (jern sulfide) og var forsiktig destillert over roret med hvit eddik av natur, alkymister advarte at utøveren bare setter riktig, natur gjør arbeidet, uten den håndspåleggelse. I retorten oppstod fargeendringer som arbeidet utviklet seg. Svart, hvit, gul, det påfugler halen, og rødt.

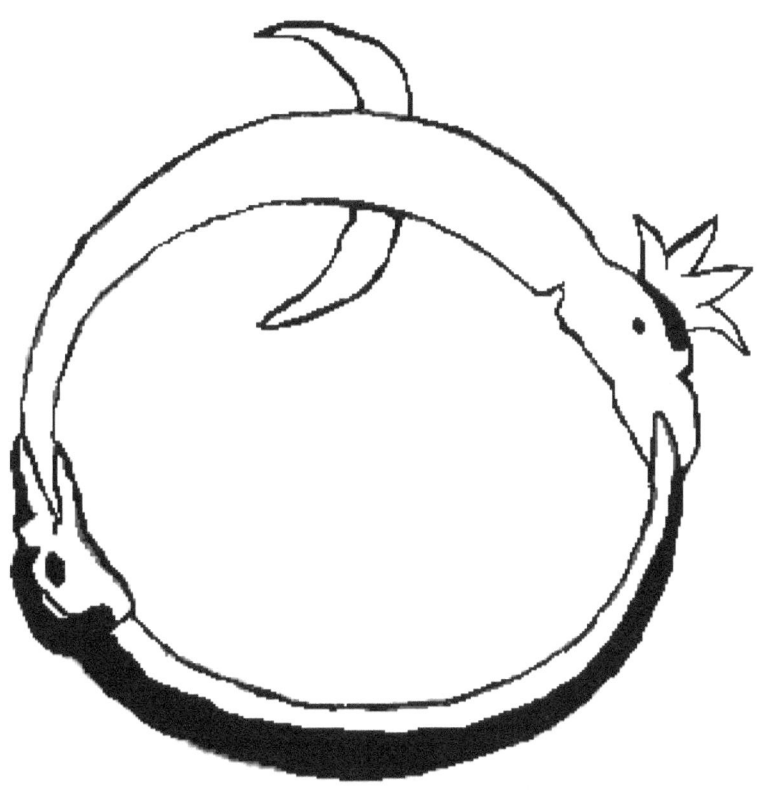

Hva Ourobos betyr, den faste svovelkis i fartøyet nedenfor, er flyktige eddik forlate saken og kommer over roret i retorten det i en sirkel fordi det kommer tilbake igjen og igjen. Når tørt land vises, (svovelkis er tørr) eddik i mottaket helles tilbake på svovelkis. Hver gang dette skjedde fullført en slå av alkymiske hjulet. Med hver repetisjon ble eddik tar mer svovelsyre fra saken blir oppløst, dette multiplikasjon eller opphøyelse (opplag) videreført til alle "gull" (svovelsyre) gikk over roret. "Merkur" syv ørner ble sagt å påvirke månen (produsere den hvite steinen), "Merkur" ti ørner ble sagt å ha makt til å calcine solen, (slutt opphøyende svovelkis i stein). Når eddik hadde overtatt svovelsyre roret i mottaket gamle alkymister kalte det "våre mest skarpe eddik", eller "godt actuated kvikksølv".

Actuated = aktivert. Væsken ble sterkere eller mer kraftfull med hver tur av alkymiske hjulet. "Brenner" eller "kalsinering" saken av "vann" brann ikke. Derav begrepet alkymister brenne med vann ikke brann. En filosofisk calcination i "våte banen".

Denne Ourobos representerer det store arbeidet med solen og månen, konge og dronning, flyktige og fast.

Hver sirkulasjon opphøyet angivelig saken videre.

6 METODEN SENDIVOGIUS

Ett fartøy. Våt banen.

Saken var bakken til pulver og plassert i fartøyet. Eddik ble lagt og toppen dekket med et pustende støvdeksel la fordampning oppstår samtidig insekter eller støv ut. eddik oppløser, ekstrakter og sublimerer saken. I denne typen alkymiske sublimering oppløst saken stiger i væsken og overholder sidene av glasset i den øvre delen mens urenheter faller til bunnen av glasset. Tørrhet var i svovelkis vætet igjen med fersk eddik og denne prosessen gjentatt elleve ganger. Den første saken av metaller

(Flamels mercurial sublimate eller den hvite steinen) hypotetisk fast til glasset først i de sistnevnte imbibitions fast salt (alkymiske frø av gull) ble løslatt fra brutt ned malmen. To mingled i vannet under de endelige imbibitions forlate philosopher's "stein" fast til de øvre delene av glasset der det kan skrapes av etter lov til å tørke. Det ble sagt å være et skritt etter den mercurial sublimate eller "jomfruer milk" ble samlet inn og det ble kalt inceration som var å "fikse" saken og gjøre det smeltemetallegeringer som voks slik at den vil tåle ilden, og dette ble gjort i varmen. Nå la oss forstå dette Sendivogius ord fra nye kjemiske lyset.

Den første saken av metaller er todelt, og en uten den andre kan ikke opprette et metall. Den første og viktigste substansen er fuktigheten i luften blandet med varme. Dette stoffet vismenn har kalt Mercury, og i filosofiske havet det styres av stråler av solen og månen. Andre stoffet er tørr varmen av jorden, som kalles svovel.

Utseendet er at av oljeholdig vann overholder alle rene og urene ting. men noen steder er det funnet mer rikelig enn andre fordi jorden er mer åpen og porøs i en sted enn i en annen, og har en større magnetisk kraft. Når det blir manifest, det er kledd i visse vesture, spesielt på steder der det har ingenting å klamre seg til. Det er kjent av det faktum at det består av tre prinsipper; men som en metallisk stoff er det eneste uten noen synlige tegn på forbindelse, unntatt det som kan kalles sin vesture eller skygge, svovel.

Metaller er produsert på denne måten: etter de fire elementene har anslått deres makt og dyder til sentrum av jorden, de er, i hendene på archeus (vann) natur deretter destillert og sublimed av varmen av evigvarende bevegelse mot overflaten av jorden. For jorden er porøs, og luften destillasjon gjennom porene jordens løses i vann ut av som alle ting er generert. (archeus er eddik).

Kunstneren skiller bare hva er subtil fra grosser elementene og setter den inn riktig fartøyet. Natur gjør resten. Ut av en oppstår to, og ut av to oppstår en.

INCERATION.

"Jomfruer milk" som uttrykkes fra bedre del av steinen er så nøye bevart i en oval formet brennerier fartøy laget av glass og endres daglig vidunderlig ved quickening bålet.

Kreditt, Michael Sendivogius.

Dette avslutter Sendivogius våt banen.

7 FLAMEL TØRR BANEN

I våt banen til alchemy som vi har allerede sett Alkymisten først kokt deres "fire" i sin "vann" og så stekt senere saken som ble kalt inceration. Tørr banen Alchemy er det samme men skritt ble bare snudd, og det ble også sagt å være mye raskere. Tørr banen ble antatt å være farligere siden Alkymisten var roasting deres malm, mens den lenger våte metoden angivelig produsert et bedre sluttprodukt. Under steking av malm fargeendringer skjedde viser alle fargene på den påfugler hale inkludert hva het badet i lilla ære og brannen ble videreført til den endelige faste røde av "svovel incombustible" ble oppnådd. Brannen brøt saken og brent bort brennbare urenheter. Dette resulterte i rød løven som ble deretter videre behandlet ved å plassere den i retorten akkurat som metoden Gualdus, og deretter fortsetter å imbibitions med eddik. Gamle Alkymisten er fortsatte deretter med multiplikasjoner eller rundskriv til opphøyelse av saken var fullført. Theophrastus Paracelsus foretrukket alembic for alkymiske magnum opus (våte eller tørre metoder). Så for å forenkle denne, tørr banen var det samme som våt bortsett fra saken ble grundig stekt først. Under rundskriv ble fargeendringer sett igjen. Flamel skrev om dagen han endelig oppnådd mestring, var det kjent av en bestemt lukt som fylte hele hjemmet som var lik som kaprifolium våren.

"Bli den røde mannen, til hvit kona".

Nicholas Flamel ble antatt å ha oppdaget hemmeligheter alkymi etter et liv med flittig studie, det har også blitt sagt at selv med den hemmelige kunnskapen han forble en ydmyk bok-selger og var kjent for donerer store summer til veldedige inkludert kirker, sykehus, og boliger for hjemløse. Hans grav ble ryktet å ha blitt funnet tomme.

8 METALLISK OMDANNING

Metallisk omdanning av metaller har blitt vurdert av forskere i århundrer. Noen har grunnet kjernefysisk fusjon mens andre har vurdert kald fusjon. Forskere har en hypotese om at elemental svovel er kjernen i gull atom, noen har uttrykt sin mening at når metaller produseres naturlig i aktive lavaen flyter åtte ganger mer gull kan produseres hvis svovel i ligningen. Den gamle alkymistene eksperimenterte med ideen om å bryte ned metaller deres salt og svovel prinsipper med filosofiske "Merkur" (eddik). En teori er at kanskje prinsippene salt og svovel var sammen eller smeltet sammen for å skape en stein. Jeg tror at omdanning er gamle terminologi og at i denne moderne tid kan vi forenkle saken ved å kalle den sammenslåingen. I primitive metallurgi ble potash brukt som en fluxing agent for å rense metaller så vel som for sammenslåing. Tre aske ble også brent og malt til pulver. Dette materialet ble blandet med metallisk malm i crucibles og smeltet bort før tilværelse sjenket i former og avkjøles. Det resulterende stykket metall ble deretter slått løs fra mold og slagg chipped bort. Denne prosessen ble antatt å rense metall ved å skille urenheter i potash som styrket på toppen. Dette synes å være grunnlaget som fører til oppfinnelsen av stål (en opphøyet form av jern). Når metallet ble renset for dens urenheter var klar for sammenslåing som flere av fluks kan legges. Min forståelse er at metallet ville har så blitt smeltet bort igjen i en smeltedigel av fluxing agenten over en tre-fire, da smeltet massen rørt med en jernstang samtidig slippe den "steinen" inn i blandingen. Omrøring fortsatte til den ønskede effekten ble oppnådd i skroget og avkjøles vanligvis i form av barer. Små innrykk var riper i bakken som provisorisk muggsopp og den resulterende amalgam ble kalt finger barer. Disse var metallisk bars små som en finger og derav navnet.

Athanor var ovn av alkymister. Selv asken var nyttig for ulike formål som vi har sett i denne boken.

9 ALKYMISTISKE EDELSTENER

Mine alkymiske fungerer eller studier begynte jeg å eksperimentere i calcination av eik. Jeg har et tre brennende ild sted der jeg prøver å bruke bare tre slik at min aske er fri for forurensning. Siste brannen hadde vært lenge borte og jeg øses ut noen av forkullede eik asken. Jeg plasserte dette materialet i mason krukker med lokk å holde den ren for mine studier. Jeg kjøpte en ny ildfast form med lokk for rundt femten dollar på min lokale butikken og så jeg malt noen av aske til et fint pulver i en av mine glass mørtel og støtere. Jeg satt dette materialet i retten og bakt det i ovnen min i et par timer på rundt 300 eller flere grader. Jeg deaktivert ovnen og gikk til sengs. Et par dager senere jeg bakte den for et par timer, jeg gjentok denne prosedyren et par ganger og økt varmen hver gang før jeg var bakervarer på den høyeste temperaturen som min naturgass brenner ovnen ville gjøre. Et par timer her, et par timer der, øke varmen. En dag forventet jeg fjernet avkjølt lokket for å se hva jeg hadde, jeg å se lys grå vel også brent aske... Men da jeg først samlet min aske noen av dem var svart biter av forkullede tre, som jeg hadde bakken til et fint pulver, nå igjen hadde jeg noen biter av svart materiale ser ut som den hadde kommet tilbake til tilstanden den hadde vært i før det var bakken til pulver... interessant. Det var en forskjell men, disse biter var formet som kvadrater og rektangler og minnet meg om store kutt perle steiner på grunn av størrelser og former men de så ut som forkullede sorte klumper. Jeg bestemte jeg ville male dette i min morter, de var, og jeg mener veldig, vanskelig å bryte. Jeg fryktet at min morter ville bryte først men jeg endelig klarte å sprekk en av bitene som var mye vanskeligere enn tre. Jeg begynte å tenke, tre, aske, forkullet, kull, karbon, varme... og så det gikk på meg. Den gamle alkymistene ble ryktet for å ha muligheten til å lage store perle steiner av utsøkte skjønnhet. Og akkurat der og da gjorde det perfekt fornuftig hvordan de hadde gjort oppdagelsen, så enkelt, ved en tilfeldighet egentlig. I denne studien natur synes hemmeligheter bare å falle i besittelse av flittig pursuer. Slik en enkel oppdagelsen. Skriftene til Theophrastus Paracelsus tilbyr innsikt også i farging av alkymiske steiner. Metallisk bhasmas, utdrag fra metallisk malm, ja filosofer steinene fra grotter av metaller og opphøyet av menn. Altoverskyggende med farge, brann vakre nyanser av blått, grønt, azul, som gull formidles til en fjern stein minner meg om topaz, glans av diamant, den vakre røde av ruby farget av jern (Flamels Gud for krig) og ren eleganse smaragd. I antikken ble også antatt å ha muligheten til å oppløse perler med hensikten å bruke den resulterende skjær for å skape større eller mer verdifulle perler. Her er en bit av goody som jeg fant i min forskning som passer fint her. Dronningen av Egypt Cleopatra ble sagt å ha oppløst perler i eddik før forbruker en del av den resulterende skjær som hun antas for å ha medisinske kvaliteter eller type helse nytte. Dette gir en god porsjon her hvordan antikken kanskje begynt et verk alkymiske perler.

10 TEORIEN OM TIDSREISER

Tiden måles når Jorden roterer om sin akse. En revolusjon i utgangspunktet tilsvarer 24 timer eller en dag. Dette forekommer Jorden roterer også rundt solen som er vårt univers i en teller urviseren. På denne måten går tid fremover. I ett år kan lett reise omtrent 6 billioner miles som tilsvarer en lys-år. Earth år og lysår måles annerledes og så å reise i rommet er å reise i tid. Siden Jorden roterer mot klokken, hvis en håndverket eller "objekt" bane rundt jorden i samme retning mens du reiser på hastighet lys det ville teoretisk reise inn i fremtiden. Hvis håndverket var å reversere retningen ville dette bli vurdert reiser tilbake i fortiden. Et annet interessant poeng å vurdere er at noen ganger fly fly fra én tidssone til annen, forestille forlate kveld og ankommer i går morges, nå multiplisere det med hundre millioner ganger over ved å øke hastigheten.

Steven and Belle.

MATHEW 5:13

[13] Dere er jordens salt: men hvis saltet har mistet sin smak, så skal det være saltet? Det er tid for ingenting, men å bli kastet ut og tråkket under fot av menneskene.
[14] Dere er lys av verden. En by som ligger på en høyde, kan ikke skjules.
[15] Verken gjøre menn tenne et lys og setter det under en skjeppe, men på en lysestake; og det gir alys til alle i huset.

Graven til Nicholas Flamel ble merket med merkelige alkymistiske symboler som folk ikke kunne forstå, og disse inkluderte en sol, over en nøkkel, over en bok. Solen representerer alkymiske solen, en svovelkis sol, jern pyritt krystaller. Nøkkel representerer hvit eddik, og boken, er boken av Abraham Eleazer.

OM FORFATTEREN

Noen har spurt spørsmålet, hvis du oppdaget kunnskap om alkymi hvorfor ville du dele den med verden og ikke bare holde det selv?

Ordspråkene 3:16
Salig er den som finner visdom.
Hun er mer dyrebart enn perler;
Og ikke noe som du ønsker sammenligner
Lengden av dagene er i sin høyre hånd;
Og i sin venstre hånd rikdom og ære;
Alle hennes måter er hyggelig.
Og alle hennes baner er fred;
Se, Dianna avduket.

S.A.S. 2016.

www.howtomakethephilosophersstone.com

www.ingramcontent.com/pod-product-compliance
Lightning Source LLC
Chambersburg PA
CBHW021448170526
45164CB00001B/433